BEI GRIN MACHT SICH IHR
WISSEN BEZAHLT

Christian Zwer

Agrarintensivwirtschaft in Südoldenburg

Examicus Verlag

Bibliografische Information der Deutschen Nationalbibliothek:

Bibliografische Information der Deutschen Nationalbibliothek: Die Deutsche Bibliothek verzeichnet diese Publikation in der Deutschen Nationalbibliografie; detaillierte bibliografische Daten sind im Internet über http://dnb.d-nb.de/ abrufbar.

Copyright © 2008 GRIN Verlag GmbH
Druck und Bindung: Books on Demand GmbH, Norderstedt Germany
ISBN: 978-3-86943-444-5

http://www.examicus.de/e-book/186834/agrarintensivwirtschaft-in-suedoldenburg

Examicus - Verlag für akademische Texte

Der Examicus Verlag mit Sitz in München hat sich auf die Veröffentlichung akademischer Texte spezialisiert.

Die Verlagswebseite www.examicus.de ist für Studenten, Hochschullehrer und andere Akademiker die ideale Plattform, ihre Fachtexte, Studienarbeiten, Abschlussarbeiten oder Dissertationen einem breiten Publikum zu präsentieren.

Carl von Ossietzky Universität Oldenburg
Ammerländer Heerstraße 114-118
D-26129 Oldenburg

Seminar:

Kommunal- und Landesplanung

Thema:

Agrarintensivwirtschaft in Südoldenburg

Vorgelegt von:

Christian Zwer

5. Semester Musik / Geschichte

Wintersemester 2007

Inhaltsverzeichnis

1. Einleitung

Diese Ausarbeitung soll das Thema Agrarintensivwirtschaft im Kreis Vechta/Cloppenburg noch einmal zusammenfassend darstellen und schließt sich an die gleichnamige Präsentation aus der Vortragsreihe Aktuelle Themen der Regionalentwicklung an. Im Punkt zwei erfolgen eine topographische Beschreibung der Kreise Vechta/Cloppenburg und Ausführungen zur Regionalentwicklung. Die historischen Umstände, die zur Bildung einer Intensivwirtschaft im Agrarsektor führten, werden dann in Punkt drei näher beschrieben werden. Nach einer kurzen Beschreibung, worin sich diese Intensivwirtschaft äußert, sollen dem Leser die Vor- und Nachteile dieser Art der Agrarindustrie erläutert werden, denn mit der überdurchschnittlich hohen Konzentration an Tieren sind für die Region sowohl positive als auch negative Entwicklungstrends zu verzeichnen. Anschließend sollen die Bemühungen um Lösungsansätze einzelner Probleme aufgezeigt und konkrete Beispiele beschrieben werden.

2. Vorbetrachtung

2.1. Beschreibung der Region

Das Oldenburger Münsterland (Kreis Vechta Cloppenburg) besitzt mit Ausnahme der beiden Mittelzentren Stadt Cloppenburg(31900Ew.)[1] und Stadt Vechta (31100 Ew.)[2] ein überwiegend ländliches Gepräge. Dies war auch in der Vergangenheit der Fall. Es handelt sich also um einen ländlichen Raum (Kreis Vechta 122 Ew/km^2 und Kreis Cloppenburg 110 Ew/km^2)[3] mit Verdichtungsansätzen. Die kultivierten landwirtschaftlich genutzten Flächen weisen sehr häufig qualitativ minderwertige Sandböden mit geringen Bodenpunktzahlen unter 50 auf. Damit schließen die Flächen einen stark konzentrierten Landbau im klassischen Sinne aus. Das Oldenburger Münsterland (Südoldenburg) zeichnet sich besonders durch seine zentrale Lage zwischen den Oberzentren Osnabrück, Oldenburg, Bremen und den Niederlanden aus. Durch die Autobahnen 1 und 29 sind die beiden Kreise mit den großen Zubringerachsen zwischen dem Ruhrgebiet und Norddeutschland und zwischen den großen norddeutschen Städten und den Niederlanden verbunden. Die Bahnanbindungen von Oldenburg und Delmenhorst nach Osnabrück unterstreichen diese Vernetztheit und Flexibilität zusätzlich. So können die beiden Kreise trotz peripherem Charakter (in Deutschland) eine zentrale, verkehrstechnisch sehr gut erschlossene Versorgerrolle für die Ballungszentren einnehmen.

---

[1] Vgl. http://www.cloppenburg.de/unserestadt_77.php
[2] Vgl. http://www.vechta.de
[3] Vgl. http://www.lkclp.de und Breuning, M.*et al.*: Zukunftsorientierte Lösungsansätze für Raumnutzungskonflikte in einem agrarischen Intensivgebiet. Vechta 2001, S. 9.

2.2. historische Entwicklung der Region

Vor dem Anschluss der Region an das Eisenbahnnetz zum Ende des 19.Jh. war das Oldenburger Münsterland durch eine landwirtschaftliche Nutzung, die auf die Selbstversorgung abzielte, charakterisiert. Der Hauptgrund dafür lag in den schlechten Bodenverhältnissen (siehe 2.1). Ein geringer Ertrag auf den Flächen begrenzte die Viehstückzahlen pro Fläche auf einen Wert, der nicht annähernd etwas mit den heutigen Zahlen zutun hat. Da die Landwirtschaft mit ihren geringen Entwicklungsperspektiven keine wesentlichen Trends für die Veränderung der Lebensverhältnisse aufwies, handelte es sich bei Südoldenburg bis zum Bau der Eisenbahnlinien um eine stagnierende Region, die durch Wegzug und Erwerbsaufgabe gekennzeichnet war. Mit dem Bau der Eisenbahnlinien Oldenburg/Cloppenburg/Osnabrück und Delmenhorst/Vechta/Osnabrück änderte sich dieser Trend grundlegend.[4] Mit der Anbindung an diese beiden Fernverkehrszubringer gab es das erste Mal die Möglichkeit, preiswerte Transporte in die Region und aus der Region zu tätigen. Darin liegt der wesentliche Grund für die Entwicklung der Kreise Vechta und Cloppenburg zu einem Agrarintensivgebiet mit der Spezialisierung auf Masttierhaltung. Durch die Bahn fand eine Entkoppelung der Tierhaltung von der Tierversorgung durch die umliegenden Flächen statt. Das heißt, dass jeder Bauer so viele Tiere halten konnte, wie er wollte, ohne Produzent des dafür nötigen Futters zu sein. Futtermittel konnten billig aus allen Regionen Deutschlands und der Welt über die Nordseehäfen Bremerhaven, Brake, Wilhelmshaven, Emden etc. bezogen werden. Die Abnehmer für die Veredelungsprodukte waren z.B. in den Oberzentren des Ruhrgebiets oder Hamburg zu finden. So ist es nicht verwunderlich, dass die Anzahl der Mastbetriebe und Nutztierstückzahlen seit Beginn des zwanzigsten Jh. deutlich gestiegen sind. Der eigentliche Boom ist aber erst mit der Öffnung des Weltmarktes nach dem Zweiten Weltkrieg zu vermerken. Der Import von sehr preiswerten Futtermitteln aus der ganzen Welt geht damit einher.

---

[4] Vgl. Böckmann, M.; Mose, I.: Agrarische Intensivgebiete. Vechta 1989, S.34 f..

3. Agrarindustrie

3.1. Allgemeine Betrachtung

Wie lässt sich die Agrarindustrie bzw. Intensivwirtschaft in Südoldenburg treffend charakterisieren? Als Ausgangspunkt muss festgestellt werden, dass es sich bei diesem Gebiet um eine Region handelt, die aus verkehrs- und perspektivtechnischer Sicht auf die Entwicklung der Landwirtschaft setzt. Veranschaulichen lässt sich dieser Trend z.B. an einer Statistik zur Schweinedichte Deutschlands.[5] Das Oldenburger Münsterland gestaltet sich aus jetziger Sicht als eine Region mit einer der höchsten Nutztierdichten in Europa. Dem unheimlich rasanten Wachstum der Tierhaltungsbetriebe geht eine starke Entwicklung der vor- und nachgelagerten Betriebe einher, das heißt, dass das Oldenburger Münsterland nicht nur Tierzuchtbetriebe in hohem Maße beherbergt, sondern auch die vorgelagerten Zulieferer, wie Futtermittelproduzenten, Produzenten für Tiermedikamente, Düngemittel und natürlich auch die nachgelagerte Fleischverarbeitung (Betriebe, wie z.B. Hartke Fleisch- und Wurstwaren Vechta) etc.. So haben sich in der schon über hundert Jahre entwickelnden Massennutztierhaltung in Südoldenburg ganze Produktionszweige, die die Tierzucht als Motor benötigen, herausgebildet. Ausrüster von Tierhaltungsanlagen, Pilzzuchten oder Abfallverwerter sind dafür einige Beispiele.

3.2. Vorteile

Diese Situation hat natürlich für die Region unheimlich große wirtschaftliche Vorteile. Die geringsten Erwerbslosenzahlen stehen den höchsten Geburtsraten in ganz Niedersachsen gegenüber. Die Stadt Vechta wirbt auf ihrer persönlichen Homepage mit der geringsten Pro-Kopfverschuldung der Mittelzentren in ihrem Bundesland. Zwar liegt die Region mit ihrer Einwohnerdichte weit hinter dem bundesdeutschen Schnitt zurück, dafür können die Kreise auf ein kontinuierliches Bevölkerungswachstum über die vergangenen fünfzig Jahre verweisen. Trotz des ländlichen Raums und der dünnen Besiedlung handelt es sich beim Oldenburger Münsterland um einen boomenden Landstreifen. Als Wirtschaftsmotor fungiert dabei natürlich die Massentierhaltung. Aber dies geschieht eher indirekt. So beläuft sich der Angestelltenanteil in der Forst- und Landwirtschaft auf 4.4% und ist damit zwar deutlich höher als im Landesdurchschnitt, aber für die große

---

[5] Vgl. httpwww.agev.nettagung2001agev2001-klohn.pdf

Anzahl an Tieren relativ gering.[6] Die Betriebe, die mit der Tierhaltung in direktem oder indirektem Zusammenhang stehen, stellen den eigentlichen Arbeitgeber dar. Landwirtschaft führt in diesem Fall also zu einem höheren Maß an Arbeitskräftebedarf, weil die vor- und nachgelagerten Betriebe Arbeitskräfte benötigen. Einige der bereits erwähnten Betriebszweige haben sich zu Markführern auf ihrem Gebiet entwickelt. Beispielhaft dafür wäre das Dorf Rechterfeld in der Gemeinde Visbek zu nennen. Hier produzieren einige Betriebe der Wesjohann-Gruppe in symbiotischer Beziehung zueinander unterschiedlichste Produkte. Mehrere „aufeinanderfolgende Betriebe, die an Erzeugung, Be- und Verarbeitung, Lagerung, Vermarktung und Transport agrarischer Güter beteiligt sind, [produzieren] unter einer einheitlichen Unternehmensführung".[7] Betrachtet man solche Strukturen unter dem Aspekt der hohen Konzentration von Zuchtvieh und zieht bestimmte Quellen zu Rate, dann lassen sich sehr gut Vermutungen über die Position solcher Unternehmensgruppen auf dem internationalen Markt anstellen. Eine PDF- Datei aus dem Internet von Kurt Gedrich und Ulrich Oltersdorf gibt für das Jahr 1999 etwa 21,1 Mio. gehaltene Schweine in Deutschland an.[8] Die zehn führenden Landkreise in der Schweinezucht produzieren zusammen 35% aller Tiere und liegen alle in Niedersachsen und Nordrhein Westfalen. Auf die Region Vechta/Cloppenburg fallen dabei etwa 2 Mio. Tiere, also etwas weniger als 10% der deutschen Gesamtproduktion. Angesichts dieser Tatsache kann man sich sehr gut vorstellen, was für eine Wirtschaftskraft Großunternehmen aus der Region haben, die teilweise an mehreren Produktionszweigen Anteil haben.

---

[6] Vgl. http://www.lkclp.de
[7] Böckmann, M.; Mose, I.: Agrarische Intensivgebiete. Vechta 1989, S 39.
[8] Vgl. httpwww.agev.nettagung2001agev2001-klohn.pdf

3.3. Nachteile

Mit dieser Industrialisierung geht ebenfalls ein hohes Maß an Nachteilen einher. Während in einigen Regionen Deutschlands die Konzentration von Nutztieren stagniert, lässt sich in Südoldenburg das Ende der Konzentrationsbemühungen teilweise noch nicht absehen. Darin liegt auch der eigentliche Problemfaktor. Die hohe Konzentration von Nutztieren hat nämlich drei wesentliche Nachteile.

Das ist zum einen das überdurchschnittlich hohe Aufkommen von Gülle und Mist. Die leichten Sandböden bringen nur bedingt höhere Erträge und lassen sich gleichzeitig nur bedingt düngen. Der übermäßig hohe Eintrag von Gülle hat zu einer Überdüngung der gesamten Region geführt. Dies wiederum hatte die Schließung vieler Hausbrunnen zur Folge, weil der Stickstoff- und Phosphorgehalt normale Werte deutlich überstieg.[9] Dabei wird durch die Überdüngung die Möglichkeit auf einen variablen Landbau sehr stark eingeschränkt. So ist neben verdorbenem Grundwasser das Anbauen von reinen Maismonokulturen eine ungünstige Folgeerscheinung.

Der zweite Nachteil ist die hohe Geruchsbelästigung. Die ständige Gegenwart von Nutztieren und das dauerhafte Einbringen derer Exkremente führen zu einer erhöhten Geruchsbelästigung, die über ein gewöhnliches Maß hinausgeht. Die Stallluft wird allerdings nicht nur durch ihren Geruch wahrgenommen, sondern auch durch ihre Staube und Erreger. In einem Stall mit vielen Tieren entstehen zwangsläufig sehr hohe Emissionen. Folgen dieser ungesunden Stallluft sind z.B. Atemwegserkrankungen oder auch die Förderung von saurem Regen.

Ein drittes Problem ist die Seuchengefahr. Zwar nimmt die Gesamtzahl von Nutztieren seit den 1980er Jahren nicht mehr zu, trotzdem findet eine Konzentration der Tiere innerhalb großer Ställe etc. statt. Bei einer sinkenden Gesamtzahl der Tiere in der Region steigt aber die Stückzahl pro Stall weiter an. Damit erhöht sich auch die Seuchengefahr, denn mehr Tiere auf einer Stelle lassen ebenfalls die Gefahr von Krankheiten steigen.

---

[9] Vgl. Mose, I. *et a.l*: Probleme der Intensivlandwirtschaft im Oldenburger Münsterland, Darmstadt 2007, S. 140.

4. Probleme für die Regionalplanung

Bevor in 4.2. Lösungsansätze für die bereits genannten Gründe gegeben werden, soll an dieser Stelle ein regionalplanerisches Dilemma angeführt werden, das durch die anderen Probleme mitbedingt wird. Aus regionalplanungstechnischer Sicht ergibt sich nämlich das Problem des erhöhten Flächenverschleißes. Während bei Wohngebieten sehr häufig die Konzentration von Eigenheimen etc. angestrebt wird, um die Kosten der Erschließung und Unterhaltung auf ein gesundes Maß zu senken, besteht für Tierzuchtbetriebe die Tendenz des Lösens von Siedlungsstrukturen. Warum? Eine Geflügelfarm kann in diesem Fall wie z.B. eine Windkraftanlage gesehen werden. Der Schattenwurf und die Geräusche der Windkraftanlage, die Verspargelung der Landschaft und die Einhaltung von Mindestabständen stellen besondere Anforderungen an die Regionalplanung dar. Gleiches gilt bei großen Tiermastbetrieben. Die Geruchsbelästigungen verlangen einen Mindestabstand zu Wohngebieten. Die Abstände liegen bei einigen hundert Metern. Durch ein vorschnelles Genehmigen des Baus von Farmen werden sehr häufig die angrenzenden Gemeinden in ihren Entfaltungsmöglichkeiten eingeschränkt. Das kann über viele Jahre zu einer Einkreisung der Ortschaft führen. In der Zukunft sind dann die Möglichkeiten für die Ausschreibung von Wohngebieten nicht mehr gegeben.

5. Lösungsansätze

Eine wirkliche Lösung kann im Oldenburger Münsterland nicht herbeigeführt werden, weil die Region von der Agrarintensivwirtschaft lebt. „Die Entwicklung der Intensivlandwirtschaft wird hier mehrheitlich als eine ‚Erfolgsstory' gesehen, mittels der es gelungen ist, die naturräumliche Ungunst der Region und die daraus resultierende historische Strukturschwäche zu überwinden."[10] Ein sich der eigenen Probleme Bewusstwerden ist in diesem Zusammenhang eher nicht vorstellbar. Und das sicher auch mit einer gewissen Berechtigung. Deshalb sind die in dieser Arbeit aufgeführten Lösungsansätze von ambivalenterer Gestalt.

So könnte für das Um- bzw. Zusiedlungsproblem die Ausschreibung von Gewerbeflächen an einem bestimmten Ort ein Lösungsansatz sein, also z.B. die Durchführung von Stallbaumaßnahmen an einer bestimmten Stelle innerhalb einer Gemeinde. Der positive Effekt wäre natürlich das Offenhalten von

---

[10] Vgl. Mose, I. *et a.l*: Probleme der Intensivlandwirtschaft im Oldenburger Münsterland, Darmstadt 2007, S 141.

zukünftigen Bebauungsflächen anderen Charakters. Damit ist Wachstum bei einer gleichzeitigen Vermeidung von Überschneidungen unterschiedlicher flächennutzungstechnischer Interessen möglich. Dieser Gedanke würde aber der räumlichen Konzentration von Stallanlagen Vorschub leisten, das könnte aus seuchentechnischer Sicht ein Risiko in sich bergen. Des Weiteren würde dieser Fakt ebenfalls zu Inselbildungen führen. Diese Inseln müssten nach Seuchenbestimmungen einen festgelegten Abstand haben, um beim Auftreten von Seuchen die Ausbreitung zu verhindern. Die Frage dürfte sich in dieser gut bestückten Stallregion aber nicht stellen.

Die teilweise ungesund hohen Emissionen und Gerüche könnten durch Filteranlagen beseitigt werden. Die Weichen für den Einsatz solcher Anlagen sind bereits gestellt. Doch eine endgültige Entlastung kann eigentlich nicht durch das Aufrechterhalten der riesigen Bestände garantiert sein. Gleiches gilt für den hohen Eintrag von Gülle und Exkrementen auf den bereits überdüngten Äckern. Mose gibt in seinem Artikel in Bezug auf die Nährstoffbilanz für Stickstoff und Phosphat einen Überschuss von rund 100% an.[11] Grundlegend wird sich diesem Problem auf verschiedenen Arten genähert. Ein Ansatz ist die Verringerung der Outputseite Gülle und Exkremente, bei gleichbleibender Masse an Veredelungsprodukten. Dieser Schritt wurde bereits vollzogen. Die Verwendung von rohproteinarmem Mastfutter (RAM-Futter) wird in allen Mastbetrieben des Oldenburger Münsterlandes getätigt. Dadurch konnte der effektive Nährstoffausstoß bereits reduziert werden. Die Güllevergärung und die Hühnerkotverheizung haben die anfallenden Massen an zu verteilenden Restprodukten deutlich reduziert. Aus Problemstoffen werden nun scheinbar Bioenergieträger. Der Schein trügt allerdings, denn die zu bewältigenden Massen sind enorm und die Anbauflächen sind bereits geschädigt und verlangen nach Schonung (keine Ausbringung von Gülle). Ein Nachteil der Vergärung ist aber auch die Entstehung von zellulosehaltigen Abwässern. Diese könnten zwar auf den Äckern ausgebracht werden, aber nur in einem begrenzten Maß. Aus einem nährstoffreichen Stoff wird ein zellulosehaltiger Stoff, der auch nur in einem bestimmten Umfang auf die Äcker gebracht werden kann. Eine andere Lösung ist die Entsorgung von Gülle und Kot extern. Trotz ökonomischer Fragwürdigkeit und immensen Kosten erfreut sich diese Art der Problembekämpfung großer Beliebtheit.

---

[11] Vgl. Mose, I. et a.l: Probleme der Intensivlandwirtschaft im Oldenburger Münsterland, Darmstadt 2007, S 145.

6. Fazit

Der Leser sollte einen Eindruck vom positiven und negativen Potential einer Region erhalten haben, die in Niedersachsen eine äußerst florierende Wirtschaft aufweist. Die Agrarintensivwirtschaft sollte in meinen Ausführungen ganz klar als zweischneidiges Schwert verstanden werden. Die Vorteile für die einheimische Bevölkerung sind immens. Die Nachteile sind es aber auch. Im von mir zitierten Heft der Studienprojektgruppe 1999/2000 werden zwei Szenarien für die Entwicklung des Kreises Vechta angegeben.[12] Das eine (nachhaltige Szenario) gibt Handlungsempfehlungen, wie auf der Basis von Umweltverträglichkeit und Erhalt der Wirtschaftskraft ein Umdenken im Umgang mit den Ressourcen Natur und Fläche aussehen könnte. Hauptziel ist dabei die Vermeidung von Folgekosten für die Region.

Das wahrscheinliche Szenario liegt dem Entwicklungstrend wohl am nächsten. Im Angesicht des wirtschaftlichen Erfolgs werden unübersehbare Probleme klein geredet und stillschweigend als gegeben hingenommen. Das Resultat wird die weitere Zuspitzung der Raumkonflikte und Belastungsprobleme sein.

Ich habe während meiner Arbeit an dem Thema Agrarintensivwirtschaft feststellen müssen, dass es wirklich keine Lösung im Einvernehmen mit Wirtschaft und Umwelt geben kann. Für mich hat es den Anschein, dass die Natur für die Wirtschaftlichkeit geopfert wird. Ein erster Schritt zur Entlastung der Region in jeglicher Hinsicht wäre die Reduzierung der Tierbestände. Da dies aber nicht erfolgt, sehe ich für die Region keine umweltverträglichen Perspektiven. Mir ist aber auch aufgefallen, dass es in Südoldenburg Menschen gibt, die sich ihrer enorm wichtigen Aufgabe, nämlich dem Erhalt der Lebensqualität im Einklang mit der Natur, durchaus bewusst sind. Nicht ohne Grund gibt es ein Institut für Umweltwissenschaften in Vechta.

Die Literatur für die Bearbeitung des Themas war überwiegend durch das Mitwirken von Prof. Dr. Ingo Mose im Zusammenhang mit dem bereits erwähnten Institut für Umweltwissenschaften Vechta entstanden. Daher könnte der Leser zu dem Schluss kommen, dass die Beschreibung der Sachlage eher einseitig erfolgt ist. Das halte ich ebenfalls für ein Problem meiner Ausarbeitung. Ich habe aber versucht die Standpunkte in der Region durch deren Präsentationen im Internet zu verdeutlichen. Dabei fand ich die vom Institut für Umweltwissenschaften angeführten Fakten immer bestätigt. Abschließend

---

[12] Vgl. Breuning, M.*et al.*: Zukunftsorientierte Lösungsansätze für Raumnutzungskonflikte in einem agrarischen Intensivgebiet. Vechta 2001, S. 53.

möchte ich betonen, dass mir die Bearbeitung des Themas sehr viel Freude bereitet hat, weil ich mein Wissen auf einem ganz anderen Gebiet erweitern konnte und mit großem Interesse versucht habe die Problematik darzustellen.

7. Literaturnachweis

Böckmann, M.; Mose, I.: Agrarische Intensivgebiete: Entwicklung, Strukturen und Probleme. Beispiele aus Südoldenburg und Nord-Limburg. In: Windhorst, H.-W. (Hrsg.): Industrialisierte Landwirtschaft und Agrarindustrie. Entwicklungen, Strukturen und Probleme.(= Vechtaer Arbeiten zur Geographie und Regionalwissenschaft, Bd. 8). Vechta 1989, S. 33-62.

Mose, I. *et al.*: Probleme der Intensivlandwirtschaft im Oldenburger Münsterland. Lösungsstrategien im Widerstreit der Interessen. In: Zepp, H (Hrsg.): Ökologische Problemräume Deutschlands, Darmstadt 2007, S. 133-156.

Breuning, M. *et al.*: Zukunftsorientierte Lösungsansätze für Raumnutzungskonflikte in einem agrarischen Intensivgebiet. Studienprojektgruppe 1999/2000, Vechta 2001.

http://www.ava1.de/pdf/artikel/schweine/2006_18_depner.pdf Zugriff:10.01.08

http://de.wikipedia.org/wiki/Vechta   Zugriff:08.02.08

http://www.vechta.de   Zugriff:08.02.08

http://www.cloppenburg.de/unserestadt_77.php   Zugriff:08.02.08

http://www.lkclp.de   Zugriff:09.02.08

httpwww.agev.nettagung2001agev2001-klohn.pdf   Zugriff:09.02.08